ÉTUDES GÉOLOGIQUES

FAITES

AUX ENVIRONS DE QUIMPER

ET

SUR QUELQUES AUTRES POINTS DE LA FRANCE OCCIDENTALE,

ACCOMPAGNÉES D'UNE CARTE ET DE DOUZE COUPES GÉOLOGIQUES;

Par A. RIVIÈRE,

PROFESSEUR DE SCIENCES PHYSIQUES DE L'UNIVERSITÉ ET DE GÉOLOGIE
A L'ATHÉNÉE ROYAL DE PARIS, ETC.

———◦◦◦———

Paris.

CARILIAN-GOEURY, LIBRAIRE

DES CORPS ROYAUX DES PONTS ET CHAUSSÉES ET DES MINES,
QUAI DES AUGUSTINS, N° 41.

1838.

PARIS. — IMPRIMERIE ET FONDERIE DE FAIN,
Rue Racine, 4, place de l'Odéon.

ÉTUDES

GÉOLOGIQUES

FAITES

AUX ENVIRONS DE QUIMPER

ET

SUR QUELQUES AUTRES POINTS DE LA FRANCE OCCIDENTALE.

La géologie de l'ouest de la France est, comme je l'ai déjà dit (1), aussi variée que difficile à déterminer à cause de l'accès pénible de certaines localités, du petit nombre de coupes naturelles, de l'altération et de la confusion des roches qui s'interrompent fréquemment à de faibles distances, et souvent à cause de l'absence de fossiles, ou bien de leurs caractères lorsqu'on rencontre des restes de corps organisés. On voit d'après cela que la géologie de la France occidentale doit être très-compliquée, et que, pour apprécier sainement la valeur de

______

(1) *Bulletin de la société géologique de France*, tome VII, page 35.

1

toutes ses parties, il faut rapporter beaucoup de faits rigoureusement constatés, et de corollaires rationnellement déduits. Telles sont les idées qui m'ont conduit à étudier d'une manière spéciale plusieurs points principaux de la contrée, et qui par ce moyen me servent de sûrs repaires dans l'examen général de l'ouest de la France.

Le pays compris depuis les Alpes jusqu'à l'Océan, et qui est formé par le Vivarais, le Cantal, l'Auvergne, le Limousin, le Poitou, la Vendée, et qui se perd sous la mer à l'extrémité de la pointe de Bretagne, paraît très-accidenté, et excessivement remarquable par la variété des terrains, ainsi que par la multiplicité des richesses minérales qu'on peut en retirer. L'axe de cette série de montagnes est généralement composé de différents granites; il passe successivement par Quimper, Vannes, Nantes, Pouzauges, Saint-Mexent, Liguqé, Limoges, Murat, et se continue ainsi jusqu'au pied des Alpes, en formant un angle de 30° O. avec le parallèle à l'équateur (1). C'est en coordonnant de sem-

---

(1) On peut encore suivre cette série granitique jusqu'en Angleterre, car sur le prolongement des terrains granitiques du Finistère on voit, à l'extrémité méridionale des Iles Britanniques, Falmouth, situé sur les mêmes roches. Au reste, c'est un fait à peu près constant pour toutes les îles de l'Ouest d'être, dans les parties qui regardent le continent, formées de terrains semblables à ceux de la terre ferme.

blables observations qu'il est possible de parve-
nir à des corrélations utiles, lorsqu'il s'agit de
donner des idées théoriques ; mais il est hors de
mon sujet d'exposer ici des considérations aussi
complexes, d'autant plus qu'elles se trouve-
ront développées dans deux autres de mes ou-
vrages (1). Je me bornerai donc à présenter les
principaux résultats auxquels je suis arrivé
par des investigations de différents ordres et
du plus minutieux détail, relativement aux environs de Quimper et de quelques autres points
de la France occidentale : au reste, mes ex-
pressions ne seront jamais que les conséquences
immédiates de l'observation, de l'expérience,
de l'analogie et du calcul.

Je ne suis plus étonné maintenant du vague
et des erreurs qu'ont laissées après elles les personnes qui ont parlé de la géologie des environs
de Quimper ; car il fallait avoir vu beaucoup
ailleurs et entreprendre une longue et sérieuse
étude sur cette localité, pour débrouiller des
faits perdus dans l'obscurité, en raison de la
complexité et des anomalies qu'on y rencontre.
Ainsi les alentours de Quimper, ville située dans
une petite vallée aussi gracieuse que digne d'in-

---

(1) *Essai d'une description générale de la Vendée*, 2 vol.
in-4°, avec atlas grand in-folio ; et *Souvenirs de divers
voyages scientifiques dans l'ouest de la France*, 1 vol.
in-8° ; chez Carilian-Gœury, libraire-éditeur, quai des Augustins, n° 41.

térêt par les accidents du sol et la multitude des roches qui le composent, méritait bien de devenir le théâtre de recherches plus soignées et plus complètes.

L'orographie de détail est très-compliquée, comme on peut le voir, au moyen de la carte géologique que j'ai exécutée sur une échelle d'un mètre pour dix mille mètres, d'après un plan fourni par le cadastre, et que j'ai réduite à $\frac{1}{30000}$. Cependant presque tous les monticules se dirigent sensiblement de l'E. à l'O.; les vallées, elles-mêmes, prennent naissance dans la partie N. et convergent vers Quimper, bâti, ainsi que l'indique en breton le nom de cette ville, au confluent de l'Odet et du Steïr, qui, avec le Jet, forment les seuls cours d'eau dignes de fixer l'attention du géologue. L'Odet a sa source dans les montagnes noires, au N. de Coray, et reçoit divers petits ruisseaux jusqu'à l'O. de Coutilly, où les eaux du Jet viennent augmenter son volume. Ainsi, après avoir traversé un pays très-accidenté, l'Odet, depuis Saint-Denis, coule paisiblement dans la vallée de Cuzon. A Quimper il est joint par le Steïr, presque aussi fort que lui, et produit dès lors, avec le secours de la marée, une rivière assez grande pour la navigation des bâtiments de 60 à 80 tonneaux. Au delà du port de Quimper, où des hydrophites et des animaux marins commencent à se montrer en abondance, l'Odet s'élargit considérablement, surtout vers

Roz-Maria, et va en conservant la même largeur, sauf deux ou trois renflements dans les terres, et, après avoir reçu encore le tribut de plusieurs ruisseaux, verser ses eaux dans l'anse de Benaudet, située à environ un myriamètre et demi S. de Quimper. On voit donc que le cours de l'Odet a lieu du N. E. au S. en décrivant un arc de cercle à l'O.

Le Steïr prend sa source dans les montagnes Noires, à l'O. de Briec; il parcourt un pays accidenté; il reçoit les eaux de différents ruisseaux, dont le plus grand nombre viennent de l'O.; enfin après plusieurs détours, il se jette dans l'Odet. Le Jet a sa source au S. de Coray; il traverse encore un sol montueux, et vient se réunir à l'Odet, après avoir augmenté de volume au moyen de divers petits cours d'eau. Les autres dépressions du terrain contiennent la plupart des ruisseaux qui aboutissent, soit à l'Odet, soit au Steïr, soit au Jet. On remarquera donc, d'après cela, que le niveau général du sol va, à partir des montagnes Noires et dans le sens du N. au S., en s'abaissant jusqu'à Quimper placé presque au niveau de la mer et au centre d'une espèce de bassin, d'où rayonnent plusieurs petites vallées. On observera aussi que, depuis les montagnes Noires, le niveau du terrain ne diminue pas d'une manière insensible et continue, mais qu'au contraire des reliefs très-prononcés et très-rapides séparent de la base de ce versant general la ligne de sommet, et que ces découpures ont souvent 3o° de pente, et parfois davantage.

Le port de Quimper, au confluent de l'Odet
et du Steir, est à 3 mètres au-dessus de la mer
moyenne ; le reste de la contrée est à différentes
hauteurs au-dessus de ce niveau. Le point le
plus élevé est à la chapelle Saint-Michel, située
sur les montagnes d'Arrez, qui prennent leur
origine dans la presqu'île de Crozon, et qui se
dirigent vers l'E. N. E. ; il est estimé à 400 mètres
par M. Boblay (1). Le même géographe a trouvé
331 mètres au Menez-Hom, point culminant des
montagnes Noires dont la direction générale
est à l'E. 10° N. Les protubérances autour de
Quimper sont loin d'atteindre de pareilles élévations, car on ne peut porter le point extrême
à plus de 80 mètres ; au reste, voici les résultats
que j'ai obtenus par des observations barométriques multipliées, et auxquelles j'ai donné
beaucoup de soins.

	m. c.
Au S. S. E. de la Tourelle.	55,29
A la Tourelle.	55, »
Dans le vallon situé entre la Tourelle et Quimper.	9,86
Sur la promenade de Quimper, à l'extrémité E. .	30,95
Sur le port de Quimper.	3, »

(1) *Essai sur la configuration et la constitution géologique de la Bretagne*, par M. Puillon Boblay, tome XV des *Mémoires du muséum d'histoire naturelle*.

m. c.

Sur le boulevart à l'O. de la route de Brest. . .   28,04

A l'E. de Ty-Névez, dans le vallon situé entre
Quimper et le manoir de Stanq-Bian.   6,20

A l'E. du manoir de Stanq-Bian.   38,87

Dans le vallon à l'O. de Meil-Stanq-Bian. . . .   5,20

A Kervouyec.   24,96

Dans le vallon situé entre Kervouyec et Turmoc'h, à l'O. de Kergariou. . . . . -   7,42

Sur la sommité située près du chemin au S.-O.
de Kergariou.   58,41

Dans le vallon situé à l'O. de Kergogne. . . .   32,12

A Turmoc'h.   68,12

Au N. N. O. de Turmoc'h.   69,94

A Kerfeunteun, près de l'église.   38,50

A Kerfily.   27,70

Au puits de Cuzon.   6,26

Sur la butte de Saint-Denis, près la route de
Coray.   31,31

A la croix placée à l'embranchement de la route
de Coray et du chemin de Kerampensal.   31,38

Près de l'église de l'hôpital civil de Quimper. . .   22,93

Sur le boulevart, près des Sœurs-Blanches. . .   9,01

A Ergué-d'Aramel.   70,98

Au S. d'Antiacroix, située sur la route de
Douarnenez.   57,57

A Saint-Denis.   5,34

La vallée principale de la contrée est celle de
Cuzon ; elle se dirige de l'E. à l'O. ; sa moindre
longueur de l'E. à l'O. est de 3o6o mètres, et on
peut estimer à 3oo mètres sa moindre largeur
du N. au S. D'abord très-évasée vers son extrémité N. E. , la vallée de Cuzon se rétrécit considérablement vers la Forêt, après quoi elle va

en diminuant d'une manière insensible jusqu'à Quimper, où elle présente, comme dans sa partie E., différentes ramifications formées par des vallées secondaires ou des vallons y aboutissant : elle offre donc un contour assez irrégulier. Cette vallée paraît peu ondulée et se trouve peu élevée au-dessus du niveau de la mer; elle est encaissée entre deux séries de monticules, dont ceux qui la bornent au S. sont extrêmement escarpés, tandis que ceux qui la limitent au N. meurent en pente douce sur beaucoup de points. La vallée de Cuzon est en grande partie inondée pendant l'hiver, et couverte de landes pendant la belle saison ; ce qui produit un tableau charmant avec les rochers nus, les bosquets et les champs cultivés qui l'entourent. La découpure du Strangalas est remarquable, elle-même, par son aspect abrupte et déchiré : de la rive droite de l'Odet, vis-à-vis le moulin du Penhoat, on aperçoit au N. une gorge par laquelle descend l'Odet ; la nudité et les rides de ses parois dévoilent au naturaliste l'origine de ce défilé. Une autre cassure qu'on découvre au S. O. de Pontusquet est aussi digne du pinceau du peintre : là, entre d'immenses rochers de granite, il semble s'être fait un écartement très-profond, à travers lequel le Steïr roule ses eaux. Enfin, les autres reliefs du sol se rapprochent plus ou moins de ceux dont je viens de parler, et donnent souvent lieu à des sites vraiment pittoresques, étant à la fois gracieux et sauvages; mais les saillies empreintes du caractère le plus prononcé sont toujours formées par le granite, le pétro-silex, ou bien par les amphibolites et les diorites.

En procédant chronologiquement, vient en première ligne le gneiss, A (voyez la carte géologique), qu'on remarque presque constamment sur des espèces de petits plateaux. Cette roche occupe aux environs de Quimper des étendues assez limitées et peu nombreuses. On la trouve d'abord au N. de Kerjenny, où elle présente une figure irrégulière qui se dirige sensiblement de l'E. à l'O., dont la plus grande longueur dans ce sens est de 2 kilomètres environ, et dont la plus grande largeur du N. au S. est de 1 kilomètre. Sulvintin et Parloc'h-Guen sont bâtis sur ce gneiss; il est tantôt blanchâtre, tantôt blanc-grisâtre et tantôt gris-rosâtre; il contient du quartz et passe ainsi au granite, avec lequel il se confond dans ses limites N., O. et S. Le gneiss forme à Ergué-Gabérie une bande étroite qui s'étend de l'E. à l'O. de ce village. Ici on a un gneiss fin, gris-violâtre ou bleuâtre, quartzeux et passant au mica-schiste sous lequel il disparaît dans sa partie N. On trouve de plus un troisième dépôt de gneiss, à peine de quelques mètres d'étendue, au N. du Loc'h, au milieu du mica-schiste de la route de Briec, sous lequel il se cache. Ce gneiss est très-fin, gris, quartzeux, et semble se lier intimement au mica-schiste auquel il passe. Dans ces trois dépôts de gneiss on reconnaît évidemment une stratification, néanmoins il est impossible de déterminer d'une manière rigoureuse les directions et les inclinaisons des couches, impossibilité facile à concevoir, lorsque je démontrerai plus tard que ce terrain a non-seulement subi de puissantes altérations par divers agents atmosphériques, mais encore qu'il a éprouvé au moins trois dislocations violentes. En allant au Perennou (champ des poiriers), lieu où M du Maralha a récemment découvert des bains de construction romaine; j'ai observé avec M. de Fourcy, jeune ingénieur plein de zèle et de mérite (1), un quatrième dépôt de gneiss, à environ 4 kilomètres S. O. de Quimper. Enfin, avant d'arriver au granite et au mica-schiste sur lequel est bâti le Perennou, et qui s'étend fort loin vers les bords de la rivière, nous avons vu reparaître un gneiss semblable au précédent, c'est-à-dire un gneiss quartzeux, à gros grains ou porphyroïde, grisâtre, passant au granite fossile, et dont la direction est généralement du N. E. au S. O.

---

(1) MM. de Fourcy, Bourassin, Godefroy, Poisson, Renaud et Rohan ont bien voulu m'accompagner dans différentes courses et me fournir des documents utiles ; je m'estime heureux de pouvoir ici leur témoigner publiquement toute ma gratitude.

Le mica-schiste, B, est beaucoup plus dévelop-
pé; mais, comme le gneiss, il est souvent altéré,
tourmenté, et présente de grandes difficultés
sous le rapport de sa composition et de ses allures. J'en ai étudié spécialement dix dépôts, et
je les ai tous figurés sur la carte; les uns sont très-
étendus, d'autres, au contraire, ne sont que de
très-petits îlots qui paraissent, ainsi que les premiers, reposer généralement sur le granite. Dans
quatre dépôts seulement il m'a été possible de
prendre des directions et des inclinaisons, et
encore dans un d'eux varient-elles d'une quantité notable suivant les différents points.

Le principal dépôt de mica-schiste part du
S. S. O. de Coatar-Zalou et du N. E. de Kerbicta, il passe à Meil-Stanq-Bian, à Tynévez, à l'An-
ge-Gardien, à Kervouyer, à Kermahonnec, à
Mouliounen, à Tréodet, à Penervan, à Lézébel,
à Kernévez (hameau neuf), au N. d'Ergué-Gabérie, à Gongolic, à Lézergué, à Quillihuec, et continue de s'étendre plus à l'E. Ce dépôt, dont le
contour est très-irrégulier, paraît peu large en
raison de sa longueur, qui est sensiblement de
l'E. N. E. à l'O. N. O. Les couches de mica-schistes
se dirigent à la métairie neuve de l'E. 15° N. E.
à l'O. 15° S. O. ; au N. du Loc'h, sur la route de
Briec, de l'E. à l'O. ; au N. O. de Mouliounen et
au moulin de Kermahonnec, de l'E. 10° N. E. à
l'O. 10° S. O. ; à l'E. N. E. de Mouliounen, de
l'E. N. E. à l'O. S. O., avec une inclinaison de

65° environ vers le S. S. E. ; à Tréodet, du N. E.
15° E. au S. O. 15° O., avec une inclinaison au
S. E. 15° S., variant de 50° à 70°. Les inclinaisons correspondantes aux autres directions, et
quoique normalement inappréciables, doivent
être aussi vers le S.

Le second dépôt, encore très-irrégulier et très-
étendu, prend naissance à l'O. de Trégagnez ; il
occupe Tréouzen, Kerancloarec, Keraëron, le
moulin de Parc-Poulic, où il est joint par une
autre langue de la même roche venant du S. E.
de Coatbily-Bras ; il passe ensuite à Coatbily-Bian,
au N. de Coatolier, à Parc-Poulic, au S. de Ker-
lédan, à l'E. de Penvern au manoir du Brieux,
d'où il va, en petit filet, longer le S. de la métairie de Kergadou, pour s'élargir à Trougouré-
Huella, et continuer sa marche au S. de Crénal,
de Pennaprat, et au N. O. de ces villages. Sa direction générale est aussi de l'E. N. E. à
l'O. S. O.

Le troisième dépôt ressemble à un ruban ondulé et très-étroit ; il se dirige de l'E. à l'O., depuis l'E. S. E. de Dourguen jusqu'à l'O. de la
Tourelle ; il finit en pointe à ces deux extrémités,
et il est pincé au S. par le granite, et au N. par
un pétro-silex. La direction de ses couches paraît
être de l'E. 10° à 15° S. E., à l'O. 10° ou 15° N. O.,
avec une très-forte inclinaison vers le S.

Le quatrième, dont la direction des couches
est sensiblement du N. E. au S. O., sous une fai-

ble inclinaison vers le S. E., se trouve à Kergariou et va au S. E. de ce hameau.

Le cinquième qui se rapproche d'une ellipse,
et qui comprend Kerscao et Mezarc'-Hibou , doit
être considéré comme une suite du deuxième ;
il est resserré au N. E. par le granite et au S. O.
par l'amphibolite et le diorite.

Le sixième, dont le contour simule une cy-
cloïde allongée, existe au village du Steïr, au
S. S. E. duquel il s'étend.

Le septième ne peut être regardé que comme
une continuation du précédent, au S. E. duquel
on le voit.

Le huitième et le neuvième figurent des
ellipses allongées et sont situés , l'un au S. S.
E. de Guerlac'h et l'autre au N. O. de Kerfily ;
la direction de leurs couches a lieu de l'E.
10° N. E. à l'O. 10° S. O. avec une inclinaison de 70° à 90° vers le S. 10° environ
S. E. Au N. O. de Kerfily le mica-schiste
semble alterner avec le granite, d'autres fois au
contact il parait passer à cette roche ; au reste,
il est très-disloqué, un peu torturé, et passe
souvent au gneiss.

Enfin le dixième se réduit à un cordon ondulé ;
il est compris entre le granite et le diorite ; il commence au S. de Kernazet ; il passe Kerroué, au
S. de Bécharle , et va couper la route de Briec,
pour se perdre dans le diorite.

On voit donc que ces divers dépôts se diri-

gent généralement dans le même sens, c'est-à-
dire sensiblement de l'E. à l'O. ; que plusieurs
néanmoins doivent être considérés comme des
lambeaux d'un grand dépôt préexistant ; qu'ils
se trouvent en contact avec les différentes roches
de la contrée, et qu'ils ont été violemment dis-
loqués et torturés à plusieurs reprises.

Quand le gneiss avoisine le mica-schiste, cette
dernière roche repose sur la première, mais on
ne peut point décider si dans de pareilles circonstances les allures sont réellement concor-
dantes ; néanmoins cette idée acquiert de la pro-
babilité en raison de la fusion intime des deux
roches ; nous y verrions donc des dépôts succes-
sifs, mais modifiés ensemble. Le mica-schiste
est fréquemment traversé par des filons de
quartz dans divers états de pureté et de couleur ;
il est aussi pénétré de diverses matières ferrugi-
neuses, comme par exemple, au S. O. de Kergariou, où l'on aperçoit en filon et en nid une argile
micacée et ferrifère ; ces substances lui donnent
alors des nuances très-variées ; au surplus,
ces particularités n'offrent rien de constant.

Le mica-schiste passe souvent au gneiss,
ainsi que je l'ai déjà dit ; il possède une aggréga-
tion tantôt très-forte et tantôt très-faible ; quelquefois il a un aspect talqueux comme au S. de
Kergatallez, ou moucheté comme à Tréodet,
ou bien bigarré comme auprès de Kervirhuella.
Ses couleurs les plus ordinaires sont le gris, le

gris jaunâtre, le gris violet, le brun, le brun
violacé et le brun jaunâtre. D'ailleurs ces propriétés accidentelles, et d'autres que je ne men-
tionnerai pas, sont très-nombreuses.

Le granite, C, est la roche dominante de la
contrée, car il règne sur une plus grande étendue encore que le mica-schiste : on peut même
dire qu'il forme le fond d'un tableau, où les autres roches ne figurent que comme des traits
disséminés. Ce granite est à grains plus ou moins
gros; il est souvent très-profondément altéré
et de diverses teintes; mais dans ce dernier état
il est presque constamment brunâtre, jaunâtre
ou blanchâtre. Il constitue en général des monticules peu fertiles, d'un facies prononcé, et qui
s'arrondissent journellement par la décomposition de la roche à la faveur des agents atmosphériques, et surtout de l'eau de pluies très-fré-
quentes dans cette partie de la France, puisque
dans tous mes voyages en Bretagne j'ai été con-
tinuellement contrarié par le mauvais temps,
et que pendant ma dernière tournée de cin-
quante jours j'ai eu trente-deux jours de pluie.
Je pense qu'il faut attribuer ce phénomène à la
multitude des bois qui couvrent le pays, à la position avancée en mer du département du Finistère et à la nature humide des vents O., N. O.
et S. O. qui dominent. Au reste, on concevra aisément l'action destructive de l'eau qui agit sans
cesse depuis une époque incalculable, et pour-

quoi le géologue a de la peine à faire de bons échantillons ailleurs que dans les nouvelles carrières, où la roche vive est mise à nu par la main des ouvriers.

Au S. E. de Terronial, le granite est rosâtre et renferme peu de mica ; au N. E. de Kernazet il contient des rudiments de pyrites, il est gris bleuâtre et d'une cristallisation très-serrée, propriété qui le fait rechercher pour les constructions; d'autres fois il est brunâtre, à très-gros grains et peu cohérent, comme au moulin de Tréquéfélec; ou bien le quartz y entrant en fragments volumineux et l'orthose en larges cristaux, comme au N. N. E. de Roz-Maria, il a l'apparence fragmentaire ou porphyroïde. Dans le vallon situé au S. de Mouliounen il est fin, gris noirâtre et contient tellement de mica noir ou verdâtre, qu'il simule, principalement vers ses parties extérieures qui sont altérées, au plus haut degré, l'amphibolite et le diorite, ou la syénite. Souvent le quartz s'y trouve en minime proportion; le granite affecte alors une structure schistoïde et passe au gneiss, comme on le remarque sur la route de Lorient, au N. O. de Keravélou, au Loc'h et à Querlec.

En général le granite se désaggrège à la surface, après quoi il est charrié par les eaux dans les bas-fonds; mais aux portes de Quimper, sur la route de Pont-l'Abbé, il se trouve divisé intérieurement, et fournit une exploitation de sable blanchâtre. Le plus ordinairement il est fendillé et se sépare en prismes irréguliers ; d'autres fois, enfin, il se détache en très-grosses boules à couches concentriques et formées d'une pâte plus ou moins semblable à celle de la masse. Mais un des caractères qui dans certains granites se reproduit assez fréquemment sur une petite échelle, il est vrai, est celui de la fissilité : de manière qu'un géologue peu familiarisé avec les accidents des terrains anciens résultant, soit du mode de refroidissement, soit d'une modification *sui generis* ou non, contemporaine ou postérieure à l'origine du granite, ou bien un géologue qui observerait trop précipitamment, prendrait la roche accidentelle pour du gneiss, distinct et indépendant du granite.

Ainsi, en admettant que toute roche non évidemment stratifiée et composée d'orthose, de quartz et de mica à l'état plus ou moins cristallin, et en proportion sensiblement égale, est un granite, on verra non-seulement que beaucoup de roches, que l'on aurait prises de prime-abord pour du gneiss, ne sont réellement que du granite, mais encore que des roches, nommées minéralogiquement ou classées dans le cabinet comme gneiss, ne paraissent être sur le lieu du gisement que des accidents très-restreints, ou bien, en d'autres termes, des infiniment petits par rapport aux masses au milieu desquelles ceux-ci se trouvent et dont ils dépendent, et,

qu'en un mot, ils ne doivent être que du granite aux yeux du géologue. D'après les réflexions
précédentes, on comprendra comment, au pont
de Troheïr, des échantillons de granite, détachés
du même massif et nullement stratifiés, appartiennent, les uns au gneiss, les autres à la pegmatite et d'autres enfin au leptynite ; car il ne
répugne point, je présume, de concevoir que
dans une masse de granite, qui forme des montagnes, on peut rencontrer un bloc de quelques centaines de mètres cubes, qui dans son
ensemble ou dans ses parties ne soit pas identique avec le reste.

J'ai insisté sur ces faits pour deux motifs : le
premier, parce que je les ai observés avec beaucoup d'attention, et le second, parce que, soit par
défaut de connaissances minéralogiques, ou
bien par défaut de connaissances géognos-
tiques, on a souvent discuté sur les granites stratifiés, sur les modifications des roches les unes
au moyen des autres, etc. J'ajouterai enfin
qu'aux environs de Quimper, malgré les limites
étroites de l'école naturelle, le géologue peut
véritablement étudier ces anomalies du plus
haut intérêt pour la science.

Au pont de Troheïr le granite est blanchâtre,
et contient fréquemment des cristaux de tour-
maline noire ; d'autres fois, il renferme du mica
argenté et onctueux, ce qui lui donne l'aspect
et le tact de la protogine ; cette circonstance se

reproduit aussi ailleurs, par exemple, à l'O. de Kerfeunteun, où le granite renferme des grenats rouges, et près de là un filon de limonite. Dans différents endroits le granite est traversé par des filons de quartz; le coteau de l'O. de Poulduic offre en grand cette particularité; mais les filons de véritable pegmatite sont des raretés aux environs de Quimper : je ne puis même en citer qu'un seul, qui se trouve dans le granite du S. O. de Lesperbé.

Le granite qui a pincé et quelquefois plissé le gneiss et le mica-schiste forme, au milieu de ces roches ou isolement, des saillies démontrant qu'il s'est fait jour à travers le gneiss et le mica-schiste; qu'il a pu ainsi les modifier de manière à produire des passages insensibles, et qu'il a dû nécessairement changer leur position. Mais des causes postérieures et analogues ayant de nouveau agi sur le gneiss et le mica-schiste, il est impossible maintenant d'apprécier avec rigueur le relief et les allures qui caractérisaient de telles roches immédiatement après l'apparition du granite; car de ces vibrations complexes sont résultées des surfaces gauches et des directions à plusieurs courbures, dont on ne possède pas les coordonnées, et dont on découvre à peine des éléments, compliqués eux-mêmes encore par les affaissements qui ont suivi de pareils phénomènes. A son tour le granite a été tourmenté par des roches qui lui ont suc-

cédé, et ce sont des cassures ou des retraits qui
souvent lui donnent un aspect fissile. D'après la
composition minéralogique, d'après les allures
imposées aux roches de formation antérieure, et
d'après les directions et les formes des montagnes
de l'O. de la France, je suis porté à croire qu'il
y a eu deux époques, au moins, marquées par
l'apparition de granites. La première est représentée par le granite qui, en général, constitue le
sol des pays bas et voisins de l'Océan, la seconde
est trahie par le granite de diverses régions élevées de la France occidentale, telles que les som-
mités des environs d'Ancenis, dans le département de Maine-et-Loire, et celles de Pouzauges,
situé sur les montagnes E. N. E. de la Vendée;
là je présume que la masse granitique est postérieure au dépôt des talc-schistes et, peut-être
même de certains grès. Cependant il ne m'a été
permis d'entrevoir autour de Quimper que le
granite d'une seule époque, qui se rapporterait
à la première. Du reste, ce sont plutôt des conjectures que des vérités palpables, mais des
conjectures qui aident néanmoins à grouper les
idées théoriques, et qui ne méritent point le
mépris de l'observateur philosophe, lorsqu'elles
ne mènent pas trop loin.

Le talc-schiste, D, ne donne lieu qu'à quatre
dépôts un peu importants; en revanche il est
représenté par une multitude de petits îlots:
nous compterons donc au moins quatorze dé-

pôts de talc-schiste. Parmi les quatre premiers
se trouve celui de Kerbicta, qui a de 800 à 900
mètres dans sa plus grande longueur. Au S. de
ce hameau on voit un monticule, dont le versant N. N. O. est très-abrupt, et qui est généralement formé de talc-schiste, de phtanite ou
d'une espèce de quartzite talqueux. Dans la roche vive de phtanite et de quartzite, le talc n'est
pas trop visible, mais dans la roche altérée il
devient très-distinct. On y rencontre aussi, surtout au pied de la pente en face de Coatarzalou,
un talc-schiste gris bleuâtre et passant au phyllade satiné. Enfin les échantillons, qui sont ordinairement bleuâtres, appartiennent les uns
aux talc-schistes, d'autres aux phyllades, d'autres aux lydiennes et d'autres aux quartzites ; de
sorte que sous la dénomination de talc-schiste
je comprends le talc-schiste passant tantôt au
mica-schiste, tantôt au phyllade, et les roches
qui lui sont subordonnées, le phtanite, la ly-
dienne et le quartzite. Toutes ces roches aux environs de Quimper, n'ayant entre elles rien de
tranché dans leur composition, ni dans leur situation respective, mais se confondent au contraire pour constituer souvent de puissantes
couches, dont la direction à Kerbicta est de l'E.
15° S. E. à l'O. 15° N. O., sous une inclinaison
de 45° à 70° vers le S. 15° S. O.

Dans ce même endroit, au-dessus d'un sol ar-
gilo-talqueux, on rencontre un talc-schiste argi-

feux, graphtifère, noir ou gris, traversé par une roche d'un blanc bleuâtre ou verdâtre, feldspathique, contenant de la smaragdite, des traces de calcaire et de sperkise ; elle est probablement en puissants filons et se rapproche de l'euphotide. A l'E. le talc-schiste repose sur le mica-schiste, qu'il bifurque de manière à se faire embrasser au N. et au S: Les roches d'épanchement ont enclavé et enchevauché le talc-schiste dans les cavités oblongues du mica-schiste, accident qui semble produire des alternances à l'égard de ces deux roches.

Le dépôt de Kerbicta, considéré en grand, est identique à celui de la termelière, où existent de très-riches mines de limonite exploitées jadis par les Gaulois (1).

Le second dépôt de talc-schiste forme une bande contournée qui va du S. E. de Penvern au N. de Saint-Charles et de Turmoc'h, en longeant le terrain houiller de Kergogne, sous lequel il semble se continuer. Mais quoiqu'il paraisse se rattacher au troisième dépôt qui existe à l'E. du village du Steïr, et qui de ce côté limite aussi le terrain houiller, il n'est pas permis de dire quelque chose d'exact à ce sujet ; car à Penvern les couches de talc-schiste se dirigent de l'E. 10° S. E., à l'O. 10° N. O., en plongeant au N. 10° N. E. sous

---

(1) *Voyez* mon *Essai d'une description générale de la Vendée.*

un angle de 70°, au N. de Saint-Charles; au contraire, leur direction a lieu de l'E. S. E. à l'O. N. O., et leur inclinaison au S. S. O. est de 28°. Outre cela, des tranchées exécutées au même endroit démontrent qu'au-dessus de la surface le talc-schiste change encore d'allure; à Penvern la roche est ponctuée, elle présente des empreintes d'andalousite et passe au mica-schiste, tandis qu'à Saint-Charles elle passe au phyllade.

Le quatrième dépôt prend naissance auprès de l'Odet, se dirige sur Coatglaz, à l'O. de Vernbras, à l'E. du Pénity, et poursuit sa marche vers le N. N. O.

Le cinquième figure une bande étroite, placée au N. E. de Roz-Maria et se dirigeant de l'E. S. E. à l'O. N. O.

Les neuf autres dépôts consistent simplement en de petits îlots, dont la plupart sont extrêmement minimes. Ils sont situés au-dessus du granite ou du mica-schiste; ils se trouvent à l'E. de Mouliounen, à Kernévez, à Lézébel, à Lezergué, au S. du moulin de Kermahonnec, au S. S. O. de Kervouyer, à l'O. S. O. du Loc'h et au S. de Pontusquet.

Le talc-schiste est traversé par des filons de quartz ordinairement d'un blanc laiteux et par des veinules de limonite, comme à Kerbicta.

Il est très-difficile et le plus souvent impossible d'obtenir l'allure exacte de ces talc-schistes, voilà pourquoi je ne l'ai indiquée sur la carte qu'à

Kerbicta, à Penvern et à Saint-Charles ; néanmoins leur système est généralement dirigé de l'E. S. E. à l'O. N. O. Lorsque le talc-schiste se trouve en contact avec le mica-schiste, il repose constamment sur lui et passe à cette dernière roche : les deux dépôts semblent aussi être en stratification discordante, circonstance qui porte à admettre, comme je l'ai déjà annoncé, que le granite des environs de Quimper est arrivé avant le dépôt de talc-schiste. Probablement le talc-schiste était très-répandu autrefois dans la localité ; mais les érosions postérieures aux mouvements du sol n'ont épargné que ces nombreux lambeaux de la formation talqueuse. On comprend sans peine comment le talc-schiste, dans le voisinage du mica-schiste, passe à cette dernière roche ; en effet le mica-schiste existant lorsque le dépôt talqueux s'est opéré, des fragments de mica-schiste, plus ou moins divisés antérieurement ou bien pendant l'opération sédimentaire, et des paillettes de mica plus abondantes auprès du mica-schiste, ont été saisis par le dépôt de talc-schiste, et sont entrés vers ses limites pour une grande partie dans sa composition. On concevra aussi comment des opérations analogues, contemporaines ou postérieures au dépôt talqueux, ont pu produire de fréquents passages entre les talc-schistes et les phyllades, et comment, enfin, cette dernière particularité se montre plus en grand, plus souvent et quelquefois même de manière à dévoiler la liaison intime des deux roches.

Après le dépôt de la formation talqueuse et même de certains grès, la terre a vomi une roche, E, anormale à la première inspection, et sur laquelle on a été plusieurs fois trompé, mais dont on débrouille aisément l'histoire, lorsqu'on l'étudie avec détail et sans idées systématiques conçues *à priori*. Cette roche, très-répandue autour de Quimper, est un pétro-silex d'origine ignée, et que vraisemblablement l'on rencontre ailleurs avec des circonstances analogues(1). Elle forme presque en totalité la promenade S. de Quimper; elle commence au N. E. de Roz-Maria, se dirige d'une part à l'E. vers Kerangall, et de l'autre au N. O. sur Kermabeuzen, où elle se contourne et se rétrécit considérablement, après quoi elle s'élargit et va mourir en pointe au delà de Saint-Conogan. Ainsi elle donne lieu, vis-à-vis Quimper, à un monticule fortement escarpé et d'un aspect très-pittoresque; elle limite assez brusquement au S. toute la vallée de Cuzon, et figure une masse empreinte d'un caractère particulier. Elle est bornée au S. par une bande de mica-schiste, au S. O. par le talc-schiste, à l'E. et à l'O. par le granite, rochés qu'elle a modifiées au contact, de manière à les rendre méconnaissables. Il est

---

(1) Peut-être à Pont-Croix, auprès d'Auray et d'Ancenis vers les Vosges, aux Échelles, aux monts Pentland, etc.

présumable qu'elle s'étend au-dessous du terrain houiller et qu'elle en tapisse le fond. Au reste, mon opinion est confirmée par la présence de cette roche, soit en bouton ou bien en filon presque tout autour de la formation carbonifère. Dans tous les cas, la carte donnera une meilleure idée des dispositions du pétro-silex qu'une description détaillée de ses gisements.

Lorsqu'on examine cette roche dans tous les détails, on reconnaît évidemment que les parties normales sont de véritables pétro-silex (feldstein), et de plus en plus purs à mesure que l'on descend intérieurement dans la masse; au contraire à la surface, aux extrémités du massif, ou au contact d'autres roches, on ne peut plus donner au pétro-silex un nom *sui generis*. Dans ce dernier cas on le voit généralement pénétrer les autres roches, et l'on reste convaincu de son origine ignée, quand on l'observe en filons dans le granite comme à Stanqvian, au S. E. de Saint-Denis, au S. de Kerampensal, à Meizilien-Bras, etc. Tantôt ces filons se fondent avec la roche qu'ils ont traversée, tantôt, au contraire, ils n'y adhèrent point et offrent une surface assez lisse pour simuler un retrait qui se serait opéré par le refroidissement. J'ai voulu ensuite tâcher de découvrir la cause des anomalies dont j'ai parlé et me rendre compte de la position du pétro-silex. Après

avoir examiné avec un soin minutieux tous les
gisements de cette roche, et après avoir cassé
un grand nombre d'échantillons, j'ai reconnu
les faits suivants. Au contact des talc-schistes
le pétro-silex passe à ces roches, ou à des roches phylladiennes; au contact des mica-schistes,
il les rapproche du gneiss et du granite, et au
contact de celui-ci il le fait passer au gneiss, à
la pegmatite et au leptynite; mais dans les parties médianes de sa masse, le pétro-silex reste
toujours feldspath compacte (probablement de
l'orthose), c'est-à-dire un véritable pétro-silex.
La toiture de cette formation change de couleur,
et devient souvent phylladique, quelquefois
phorphyrique, euritique et grésiforme. Ainsi
la roche de pétro-silex pur, uniforme ou jas-
poïdé, passe à l'état de pétro-silex jadien, de
pétro-silex quartzifère, d'eurite, de phyllade, de
talc-schiste, de grès feldspathique et de talhorto-
site. Les couleurs varient aussi entre le vert,
le bleu, le blanc et le brun. Sa structure paraît
massive dans l'intérieur et pseudo-régulière à la
surface, où elle se divise ordinairement en fragments semi-schistoides, tandis qu'intérieurement elle est tenace, écailleuse et se sépare en
rhomboèdres ou en prismes plus ou moins ré-
guliers. Elle renferme beaucoup de sperkise,
souvent en cristaux bien déterminés; dans les
portions altérées elle contient de la limonite
provenant de la décomposition de la sperkise,

et cette circonstance lui donne quelquefois l'aspect zoné ou bigarré ; elle est employée comme le granite à la réparation des routes.

D'après les résultats précédents, j'ai supposé que le mica-schiste, le granite, le talc-schiste du sable ou des assises de grès se trouvaient alors dans la localité, comme l'indique à peu près la coupe idéale n° 1 ; que le pétro-silex s'était fait jour à travers ces roches, comme l'indique à son tour la coupe idéale n° 2 ; qu'il les avait modifiées principalement en leur introduisant du feldspath par une espèce de cémentation, peut-être aussi en fondant et en décomposant certaines substances ; qu'il avait produit ainsi dans les parties extrêmes des roches plus ou moins différentes des masses normales ; qu'il avait donné un nouveau relief au pays ; et qu'enfin des influences extérieures et postérieures à ce phénomène avaient altéré les roches à la surface et avaient dénudé le sol en divers endroits.

En effet, des lambeaux de talc-schiste existent encore dans l'endroit où le pétro-silex passe à cette roche ; de plus, ils semblent avoir été pincés par le pétro-silex, dont les filons dans les diverses roches sont placés de manière à montrer une injection qui diverge à partir du centre d'action.

La masse s'est fait jour d'abord à la place qu'occupe maintenant la montagne de la promenade de Quimper ; ayant trouvé plus de résistance vers le S., elle s'est épanchée vers l'O., le N. et l'E. ; ensuite les différents boutons qui paraissent ont peut-être poussé plus tard, mais certainement à une époque voisine de celle qui est marquée par le grand phénomène.

Plusieurs personnes avaient pris ce pétro-silex pour une pegmatite ; une telle détermination est évidemment fausse ; d'autres ont voulu y voir une roche de sédiment ; cette dernière idée est aussi erronée, car, avec la meilleure volonté et même avec la doctrine neptunienne la plus fanatique, on ne peut apercevoir aucune stratification dans des coupes de 35 mètres au moins de puissance. Tous les fendillements irréguliers qui frappent de prime-abord l'attention de l'observateur, sont dus au refroidissement de la masse, aux mouvements qu'a éprouvés le sol après l'apparition du pétro-silex et à la décomposition de certaines parties de la roche feldspathique.

Depuis longtemps j'avais pensé que ce pétro-silex était arrivé avant le dépôt du terrain houiller : la grande quantité de feldspath, et surtout de feldspath réduit à l'état de kaolin qu'on rencontre dans cette formation carbonifère appuyait une pareille opinion, lorsque j'ai trouvé des boules du même pétro-silex dans les poudingues houillers de Kerfunteun. Voilà donc deux limites positives entre lesquelles l'âge du pétro-silex est compris : d'une part nous avons le talc-schiste, des grès, et de l'autre le dépôt houiller.

Quoi qu'il en soit, la Bretagne et la Vendée nous montrent sur une grande échelle des dépôts qui se sont opérés dans le sein des eaux par une action, soit simplement mécanique, soit chimique, ou bien à la fois mécanique et chimique, et qui ensuite ont été modifiés par l'apparition de roches de formation ignée : tels sont, pour citer des exemples, les mica-schistes, les talc-schistes, et d'autres roches plus ou moins analogues à celles-ci, et renfermant ou ne renfermant pas de fossiles. La Bretagne, elle-même, nous fait voir des grauwacques ou des phyllades fossilifères passant à des talc-schistes bien cristallins, et provenant sans doute d'une modification ignée postérieure au dépôt. Dès lors on a une nouvelle preuve de l'origine aqueuse des roches schisteuses cristallines, et des modifications qu'elles ont éprouvées ensuite pour arriver à leur état actuel. Néanmoins, il semble aussi que certaines roches sédimentaires ont pu, à la faveur de la pression, de nouvelles réactions chimiques, de courants électriques ou d'autres causes non ignées, acquérir une texture cristalline pareille à celle des talc-schistes modifiés. Au reste, l'origine de ces anomalies est trahie généralement par les caractères que la nature semble avoir gravés exprès; de sorte que les géologues incrédules doivent aller lire dans son livre pour être convaincus ; alors probablement tout mystère à leurs yeux ne sera plus qu'un enchaînement de faits ou de conséquences nécessaires des lois de la physique et de la chimie (1).

Après cet état de choses, se sont formés deux terrains houillers, l'un à Quimper et l'autre à Kergogne. Examinons d'abord le plus important, c'est-à-dire celui sur lequel la ville de Quimper se trouve bâtie.

Depuis très-longtemps on a constaté l'existence du terrain houiller de Quimper ; les premières fouilles furent faites en 1752 ; vers le chemin de Coray , par M. Mathieu de Noyant ; ces travaux , dont il ne reste que des traces , furent à peine poussés à quelques mètres. Sept ans plus tard la compagnie de Poullaouen entreprit de nouvelles recherches ; elle fit , dans la montagne de l'hospice , une galerie horizontale de 10 mètres de longueur , et un puits de 15 mètres de profondeur, dans lequel deux galeries furent ouvertes : l'une traversait la montagne ; l'autre, placée à un niveau inférieur, n'atteignit cependant qu'à 28 mètres au-dessous de la surface du sol. Toutes les recherches avaient été abandonnées dès 1772, lorsque le 29 frimaire de l'an III de la république, d'autres explorations furent tentées dans les fossés de la

---

(1) *Voyez* mon *Traité de géologie* , 1 volume in-8°, avec 12 planches, chez Méquignon-Marvis, libraire-éditeur, rue du Jardinet , 13, Paris.

ville, en vertu de plusieurs arrêtés des représen-
tants du peuple. Le 7 messidor de l'an IX, l'admi-
nistration de la marine fit percer au Pratandour
un puits de 5o mètres de profondeur. Ensuite
les travaux rentrèrent, le 1o septembre 181o,
dans les attributions du ministère de l'intérieur;
puis la compagnie de Pontkaleck obtint la con-
cession de la mine; et enfin, le 1o juillet 1834,
une société civile de recherches en acquit la
propriété. Les opérations et les directeurs firent
toûjours concevoir de très-belles espérances,
mais aucun travail éclairé, rationnel et complet,
ne fut exécuté : on ne put donc être définitive-
ment fixé sur la réussite, et tracer par conséquent la véritable route à suivre; aussi jusqu'à
ce moment des sommes immenses ont été dé-
pensées sans résultat réel, si ce n'est celui du
dégoût et du renouvellement réitéré des entre-
preneurs. L'obscurité dans laquelle on a été
plongé jusqu'à présent vient de la direction
qui a été imprimée aux travaux de recherches.
On a confondu, en effet, des travaux d'explo-
ration avec des travaux d'exploitation.

Malgré l'énormité des sommes enfouies dans
les recherches, croirait-on que, jusqu'à ces der-
niers temps, les directeurs des travaux n'ont
produit aucun relevé géognostique sur les fouilles qu'ils multipliaient selon leur caprice! C'est
dommage, car d'anciennes expériences, et celles
que j'ai faites, prouvent que la houille est d'ex-

cellente qualité, et qu'elle donne un très-bon coke. Au reste, on trouverait sans doute différentes qualités de houille ; mais peu importe, car il est certain que la plupart se débiteraient facilement pour les divers usages auxquels elles seraient propres. De plus, le terrain houiller de Quimper est dans une position géographique on ne peut plus avantageuse ; car il se trouve baigné par l'Odet, rivière navigable depuis Quimper, qui possède un port marchand, circonstance qui permettrait de fournir les arsenaux, les ateliers et les usines de Brest, Lorient, Vannes, Nantes, La Rochelle, Rochefort, Bordeaux, et même des villes beaucoup plus éloignées. La rivière de l'Odet coule dans le sens de la plus grande dimension du terrain houiller. Ainsi, la houille, retirée des puits d'exploitation, serait aussitôt jetée dans des embarcations qui la transporteraient dans des villes où la consommation est immense. De cette position géographique, résultent donc les deux circonstances les plus favorables pour la réussite d'une exploitation, 1° une foule de débouchés ; 2° transport presque sans frais. Outre cela, de belles routes qui aboutissent à Quimper, et les canaux qui se croisent dans l'Ouest, faciliteraient le transport du charbon dans l'intérieur de la contrée. La situation des houillères, si toutefois le combustible y existe en quantité exploitable, serait donc très-heureuse pour les intérêts de la compagnie, la richesse du pays et la transformation d'une population, sinon inerte et pauvre, du moins ignorante, et encore bien en arrière du mouvement intellectuel des autres parties de la France.

Le terrain houiller de Quimper est situé en grande partie dans la vallée de Cuzon; il est par conséquent encaissé entre les monticules dont j'ai parlé. Sa hauteur au-dessus du niveau de la mer varie depuis 3 mètres jusqu'à 38 mètres. Toute la portion renfermée dans la vallée de Cuzon paraît basse et ondulée, au lieu que celle qui est située au N. de Quimper présente un relief très-accidenté. Le contour de l'ensemble de la formation houillère, quoique irrégulier, se rapproche néanmoins d'une ellipse allongée, dont le plus grand axe (longueur), sensiblement de l'E. à l'O., est de 4890 mètres, et le plus petit (largeur), du N. au S., est de 600 mètres. On peut estimer à 200 mètres le maximum de la profondeur de ce terrain, puissance déterminée approximativement par les projections des versants des monticules encaissant, et par celles des allures des couches normalement stratifiées. La formation houillère est limitée à l'O., au S., au S. E. par le pétro-silex; au N. et à l'E. N. E. par le granite et par plusieurs boutons de pétro-silex; il est aussi très-probable qu'elle repose en grande partie sur le pétro-silex qui se montre ainsi de chaque côté.

Cette formation houillère est composée de différentes roches, dont les plus abondantes sont des talc-schistes, des chlorito-schistes, des schistes argilo-bitumineux, des psammites, des argiles bitumineuses, des arkoses, des métaxites et des poudingues ; mais les talc-schistes, les schistes argilo-bitumineux, les poudingues et les psammites y jouent les principaux rôles. Parmi les minéraux disséminés, j'y citerai spécialement le quartz, la serpentine, le feldspath, la chlorite, le mica, la sperkise, le sidérose et la chaux carbonatée. Les fossiles végétaux y sont rares jusqu'à présent, et généralement indéterminables ; car M. Ad. Brongniart, qui a eu l'obligeance de nommer les échantillons que je me suis procurés, n'a pu le faire qu'avec des points de doute. Je ne dois donc indiquer que des lépidodendrons, des fougères, des sigillaires, et avec réserve le *pecopteris arborescens,* Ad. Brong., et le *pecopteris cyathea* du même auteur. On n'y a point encore trouvé de restes animaux.

Le talc-schiste, F, qui passe accidentellement au phyllade et le chlorito-schiste, qui lui-même passe au talc-schiste, au phyllade et au psammite, se montrent à découvert et en petits monticules dentelés au N. N. O. du Cluyou, ainsi qu'à l'O. du moulin du Cluyou. Dans le premier endroit ces deux roches forment un dépôt d'un

diamètre horizontal de 210 mètres environ, et
dans le second un îlot de 60 mètres seulement;
mais vraisemblablement elles occupent un plus
grand espace à l'E. et à l'O., chose qu'on ne peut
apercevoir à cause du terrain de transport sous
lequel elles disparaissent. Leurs couches se dirigent du N. E. 15° E. au S. O. 15° O. et plongent
au S. E. 15° E. avec une inclinaison de 46°. Ces
roches sont verdâtres, bleuâtres, brunâtres ou
d'un gris blanchâtre. Elles sont traversées par
des veines de quartz vitreux ou laiteux; elles
renferment aussi des noyaux de la même substance, et alors elles affectent la structure amygdaloïde; enfin, on y trouve encore de la serpentine et du feldspath. Souvent elles sont sati-
nées, ondulées et chiffonnées. Les deux dépôts
dont je viens de parler, sont séparés seulement
par des schistes argilo-bitumineux noirs, par
des rudiments de psammites et par des poudingues, avec lesquels ils semblent alterner, et
dont les allures paraissent sensiblement les
mêmes. Si dans les divers puits qu'on a pratiqués on n'avait pas vu l'alternance de ces roches, il serait possible de croire que ces talc-
schistes et chlorito-schistes n'appartiennent pas
à la formation houillère; les doutes se dissi-
peraient, néanmoins, en remarquant que les
talc-schistes du même lieu ne sont nullement
modifiés par le pétro-silex qui les touche, tandis

que le granite du voisinage est visiblement altéré.

Les talc-schistes et les chlorito-schistes ne se trahissent plus ailleurs, mais on les a retrouvés dans le puits et les galeries de Cuzon. Là ils alternent fréquemment avec les autres roches du terrain houiller; ils forment des épaisseurs variables; ils ont une direction sensiblement de l'E. à l'O. à peu près constante, avec une inclinaison vers le S., et depuis 25° jusqu'à 85°, comme on le verra sur la coupe n° 3, qui indique d'une manière sommaire toutes les choses dignes de l'attention du géologue.

Dans ces dépôts talqueux on rencontre parfois des nids et des filets de houille.

Les schistes argilo-bitumineux, G, sont noirs, gris ou gris bleuâtre; ils contiennent des fragments plus ou mois arrondis de sidérose, de quartz, de psammite, de feldspath, de manière à affecter une structure quelquefois grenue, amygdaloïde, poudingiforme ou ondulée. Ils renferment aussi de la sperkise, du talc et de la chlorite; ils passent assez souvent aux argiles bitumineuses et à la houille, qu'ils recèlent en nids et en filets; ils alternent fréquemment avec les autres roches; ils ont à peu près la même direction qu'elles, et des inclinaisons depuis 15° jusqu'à 85°. Ces schistes argilo-bitumineux recouvrent deux étendues, dont l'une, très-limitée, est au N. O. du Cluyou, l'autre se montre sur une plus grande échelle au N. O. de Kernisy, où la direction des couches a lieu du

N. N. E. 1° 30′ N. E. au S. S. O. 1° 30′ S.O. , avec une forte inclinaison vers l'E. S. E. 1° 30′ S. E. (*voyez* la coupe n° 4). On les a fréquemment rencontrés dans le puits du Pratandour (coupe n° 5), le puits et les galeries de Cuzon, et dans un puits creusé à l'E. de celui de Cuzon. Dans le puits de Cuzon les schistes argilo-bitumineux et les argiles bitumineuses, non-seulement alternent fréquemment avec les autres roches, mais ils présentent des allures régulières et des puissances très-considérables. Là ils acquièrent, en effet, sauf quelques petits accidents, 10, 19 et même 30 mètres de puissance. On voit aussi , par l'inspection des coupes, qu'ils se montrent sur beaucoup d'autres points avec des puissances encore très-grandes. De sorte que, si le terrain houiller de Quimper n'est pas riche en houille, il l'est extrêmement en schiste argilo-bitumineux et en argile bitumineuse. Il semblerait donc que cette abondance de schiste argilo-bitumineux s'est faite au détriment de la houille ; au surplus, je dirai tout à l'heure le parti qu'on peut tirer d'une pareille circonstance.

Les psammites ne se trahissent point à la surface en dépôt distinct, on les voit seulement figurer comme des dépendances des autres ; mais dans le puits et les galeries de Cuzon , ainsi que dans ceux du Pratandour et de Kernisy, on les trouve en couches ou en failles assez puissantes, alternant avec les autres roches et ayant des al-

lures analogues. Ces psammites offrent quelquefois une structure schistoïde et passent aux
schistes argilo-bitumineux ; ils présentent aussi
une pâte compacte, des géodes tapissées de car-
bonate de chaux et des empreintes végétales : ils
sont ordinairement noirâtres très-gris ou verdâtres, et contiennent de la chaux carbonatée in-
verse, de la sperkise, du marcassite, du mica,
du talc et du feldspath.

Les argiles bitumineuses, H, sont noires, bru-
nes ou grises ; souvent elles passent aux schistes
argilo-bitumineux ; elles renferment beaucoup
de fragments de roches et de minéraux déjà men-
tionnés dans ceux-ci, et se comportent généralement comme eux. Deux petits dépôts de ces
argiles se trahissent, l'un au cimetière de Quimper (*voyez* la coupe n° 6), et l'autre au S. E. de
Kerampensal ; mais on les rencontre fréquemment dans les puits de Cuzon, du Pontigou et
du Pratandour.

Les arkoses et les métaxites, I, passent les uns
aux autres et se lient intimement. Ces roches
sont grisâtres ou bleuâtres ; elles contiennent
quelquefois du talc, du spath calcaire et des filets de houille ; tantôt elles sont à petits grains
et tantôt poudingiformes. Elles se montrent
au S. E. de Pontigou en dépôt ellipsoïdal, en-
touré d'argiles bitumineuses et de schistes argilo-bitumineux, avec lesquels elles alternent
(*voyez* la coupe n° 4), en conservant à peu près

les mêmes allures ; mais on les a trouvées assez rarement dans le puits de Cuzon.

Les poudingues, M, dont on remarque de puissantes assises dans le bois de l'hôpital, constituent le sol le plus accidenté et une grande partie du terrain houiller. Ainsi on les voit occuper presque toute la région N. O. de la formation houillère à Saint-Marc et à Kernisy; du reste, il est probable que ce dernier dépôt se lie au premier par-dessous le terrain de transport. Les poudingues se trahissent encore, mais en très-petit îlot, au N. E. de Coutilly. Ils sont plus ou moins mélangés d'autres roches, et composés de quartz blanchâtre ou grisâtre, d'argile et quelquefois de mica; ils passent souvent aux psammites, et souvent paraissent fortement cimentés. L'inclinaison des couches a lieu vers le S. O. jusqu'au Pratandour : aussitôt après cette localité, le pendage devient septentrional. La coupe n° 7 prouve non-seulement qu'ils alternent fréquemment avec des schistes argilo-bitumineux et des psammites, mais de plus qu'ils acquièrent au Pratandour un développement considérable; dans le puits et les galeries de Cuzon ils sont au contraire très-rares.

Ce terrain houiller est sur beaucoup de points, principalement dans la vallée de Cuzon, recouvert par un puissant dépôt formé de diluvium et d'alluvions, de sorte qu'il devient souvent impossible de reconnaître les roches qui gisent au-dessous; au reste, les fouilles qu'on y a faites portent à penser qu'il y a de l'analogie , et qu'on peut, au moyen de la carte et des coupes , voir approximativement ce qui existe dans les parties cachées.

J'ai négligé d'énoncer dans le texte certains détails , mais ils sont rapportés sur les planches, où l'on trouvera aussi l'indication des puits et des galeries qui ont été creusés, ainsi que celle de plusieurs hauteurs au-dessus du niveau de la mer, de divers filons, et des endroits où les roches sont modifiées.

Cette formation houillère paraît différer essentiellement de celles qu'on exploite ailleurs , car j'y ai observé peu d'identité avec les terrains houillers que j'ai étudiés soit en France, soit dans les pays étrangers, et surtout en Belgique et en Allemagne. Peut-être la formation houillère de Quimper est-elle plus ancienne que beaucoup d'autres? Sa richesse en talc, en felspath, et en schistes argilo-bitumineux, ainsi que les idées déjà émises par M. Elie de Beaumont sur le terrain de Montrelais semblent appuyer cette opinion. Il ne faudrait pas cependant étendre une pareille présomption à tous les dépôts houillers de la France occidentale, puisque plusieurs d'entre eux et parmi lesquels je citerai ceux de Faymoreau, de Chantonnay (Vendée) et de Viellevigne (Loire-Inférieure) (1), appartiennent

____

(1) D'après une indication de M. Dubuisson, j'avais découvert, en 1834, ce dernier terrain houiller ; mais il est malheureux pour l'industrie loyale que, malgré mes observa-

réellement aux terrains houillers ordinaires.

M. Murchisson me disait, pendant mon séjour à Londres, qu'il serait disposé à classer la plupart des terrains houillers de la France occidentale dans son système sylurien. J'ai combattu cette idée visiblement fausse; car s'il y a des exceptions qui permettent d'entrevoir à l'égard de certains terrains houillers une époque plus ancienne que celle des terrains houillers ordinaires, elles sont très-rares.

Afin d'apprécier rigoureusement le relief du sol sur certains points et les relations de la formation houillère de Quimper avec les autres, j'ai construit trois coupes, numéros 7, 8 et 9. Chaque ligne de profil a été obtenue par des nivellements exécutés au moyen du niveau à bulle d'air, l'alidade, la planchette, la boussole et la chaîne. Toutes ces coupes sont rapportées au niveau de la mer moyenne par des observations barométriques, ainsi qu'à une échelle commune de $\frac{1}{10000}$; enfin, avant de fixer leurs positions j'ai déterminé pour Quimper la méridienne magnétique. J'ai trouvé qu'au mois de septembre 1836 la moyenne des nombres, représentant l'angle de déclinaison était 23° 30' O., après quoi j'ai reconnu que les plans qui m'avaient été fournis par le cadastre tournaient trop de 2° environ vers l'E. Ainsi, pour remettre

tions, l'exiguité de ce dépôt et d'autres circonstances, des ignorants ou des agioteurs aient profité de la crédulité du public.

la carte dans sa véritable position, il faudrait lui imprimer un mouvement de 2° vers l'O.

Pour la coupe n. 7, qui se dirige de l'E. 19° 30′ S. E. à l'O. 19° 30′ N. O., j'ai obtenu les nombres suivants :

Distance de deux stations consécutives.		Différence de niveau entre deux stations consécutives (1).		Distance de deux stations consécutives.		Différence de niveau entre deux stations consécutives.	
mètres.	centimèt.	mètres.	centimèt.	mètres.	centimèt.	mètres.	centimèt.
75	20	—0	31	135	45	2	35
32	60	—0	60	122	»	0	50
38	»	—2	28	121	70	0	07
19	20	—2	60	34	»	0	88
8	80	—3	52	34	65	0	66
23	80	—4	56	36	35	0	58
24	80	3	93	15	60	0	28
19	40	—2	50	84	»	0	25
13	20	—3	15	118	70	1	95
10	20	—4	63	80	60	3	09
7	40	—4	32	22	40	0	81
7	50	—3	54	10	80	1	06
22	40	—4	71	23	»	4	65
81	10	0	07	43	60	2	85
110	50	0	82	19	40	0	25
36	»	0	82	26	»	—0	04
15	30	0	90	15	40	—0	24
125	»	0	02	27	20	—0	75
22	60	0	10	19	40	—1	53

(1) Quand il n'y aura pas de signe devant le nombre, la valeur sera positive, et par conséquent le niveau de cette station sera au-dessus de celui de la station précédente de toute la quantité exprimée par le nombre positif; au contraire, si le signe—précède le nombre, la valeur deviendra négative, et le niveau de cette station se trouvera au-dessous de celui de la station précédente de toute la quantité représentée par le nombre négatif.

mètres.	centimèt.	mètres.	centimèt.		mètres.	centimèt.	mètres.	centimèt.
29	»	—2	38		66	10	—0	89
22	45	—2	37		148	20	2	39
10	25	—2	40		37	80	0	26
9	»	—2	40		50	40	0	23
77	»	—4	96		16	40	—2	17
27	90	5	88		12	30	—4	19
33	»	5	38		20	77	—3	84
93	30	6	96		54	50	7	30
159	»	5	86		73	40	4	80
28	50	—0	85		100	»	2	71

Pour la coupe n° 8, qui se dirige du S. E. 19° 15′ S. au N. O. 19° 15′ N., j'ai trouvé :

mètres.	centimèt.	mètres.	centimèt.		mètres.	centimèt.	mètres.	centimèt.
48	40	1	82		14	85	—3	26
60	»	—2	25		34	90	—1	12
21	25	—1	53		33	30	—1	93
26	40	—2	86		57	75	—0	86
21	»	—2	93		29	60	—0	31
21	20	—2	61		61	70	0	18
103	10	—2	30		34	70	0	29
43	70	3	38		53	80	0	17
68	70	—1	94		21	40	—0	29
25	»	—3	35		19	75	—1	70
22	70	—4	40		40	»	1	28
54	75	—4	»		59	15	—0	01
44	15	—2	78		38	60	—0	27
24	45	—3	82		102	»	—1	19
17	90	—3	82		57	50	2	69
8	»	—1	93		21	60	—1	14
20	15	—4	67		56	40	—0	08
18	20	—3	90		61	90	1	65
25	30	—4	07		68	10	1	30
23	90	—3	75		56	70	1	74
42	»	—2	30		45	20	3	73
23	»	2	24		23	65	2	97
52	60	1	28		19	50	2	59
44	50	0	69		20	95	3	18
24	50	—0	69		25	70	3	17
35	70	—3	56		4	»	—1	77
18	20	—2	76		54	40	—2	14
22	80	—2	38					

Pour la coupe n° 9, qui se dirige de l'E. 2° 3o' S. E. à l'O. 2° 3o' N. O., j'ai eu :

mètres	centimèt.	mètres.	centimèt.	mètres.	centimèt.	mètres.	centimèt.
26	60—	5	21	43	»	1	49
11	»—	6	38	89	30	—0	37
9	50—	6	20	360	»	—6	78
9	»—	5	23	90	80	—2	92
13	20—	6	19	51	»	—1	49
74	»—	0	30	16	60	—1	13
29	40	0	60	30	»	—3	06
16	60	0	38	5	80	—2	63
11	65	0	11	101	»	—2	69
58	60	0	51	410	»	—4	01
60	80	—0	15	400	»	9	66
63	25	—0	16	27	30	2	03
48	10	0	23	70	»	5	79
65	40	1	19	57	»	2	87
42	»	0	16	26	40	1	75
101	30	—0	09	33	10	2	37
104	60	—0	78	26	60	1	24
84	80	—0	10	76	40	2	42
68	80	—0	37	139	60	4	44
78	80	—0	21	24	15	1	92
79	90	—0	54	61	80	2	20
341	95	1	46	61	50	2	52
65	30	2	88	20	30	1	15
25	»	3	08	58	10	1	35
25	60	3	79	26	»	1	28
40	35	4	10	26	»	2	36
126	90	4	33	13	25	2	30
26	50	0	61	13	60	2	60
44	30	1	51	87	20	2	32
31	60	1	03				

D'après ces coupes naturelles, on voit que le relief du sol est bien moins prononcé qu'on se l'imaginerait d'abord, quoique le pays paraisse très-accidenté; on voit aussi que c'est le seul moyen de reproduire sur le papier les allures d'un terrain. Cependant les coupes idéales, qui ne sont réellement que des caricatures de la nature, deviennent néanmoins souvent très-utiles et quelquefois même indispensables.

Examinons maintenant le terrain houiller, L, de Kergogne, découvert depuis peu de temps, et dans lequel la société Debruck, Godefroy et compagnie a déjà fait de nombreuses fouilles.

Comme on le voit, au moyen de la carte, ce terrain est très-accidenté et assez limité; sa forme paraît irrégulière et excessivement allongée du S. E. au N. O. Le maximum de la distance de deux bords opposés est de 2900 mètres, tandis que le minimum de la distance de deux autres bords opposés se réduit à 190 mètres. Le terrain houiller de Kergogne doit avoir une profondeur moindre que celle de la formation carbonifère de Quimper. Dans plusieurs endroits il devient difficile de déterminer rigoureusement son contour; mais le grand nombre de puits qu'on a pratiqués, malheureusement pour la société, et le soin que j'ai apporté dans son étude, m'ont permis de le tracer aussi exactement que possible. Il est borné à l'E. par le granite, au N. E. par le granite et le talc-schiste, à l'O. et au S. O. par le talc-schiste, au S. par le granite et le mica-schiste.

Le terrain houiller de Kergogne doit être regardé, relativement à la plupart de ses considérations générales, comme semblable à celui de

Quimper, quoiqu'il ne soit point composé des mêmes roches ; car on y trouve seulement des arkoses, des psammites, et des schistes argilo-bitumineux.

Les arkoses sont composées d'éléments minéralogiques, identiques à ceux qui constituent les granites des alentours ; d'ailleurs, elles ressemblent tellement au granite qu'il faut avoir une très-grande habitude des roches pour ne pas les confondre avec celui-ci. Elles paraissent donc avoir été formées sur place et au détriment des roches granitiques de la localité ; elles passent aux psammites et au métaxites ; leur couleur varie du brun jaunâtre au gris blanchâtre ou noirâtre.

Les psammites qui passent aux arkoses, ainsi qu'aux schistes argilo-bitumineux, offrent diverses nuances, depuis le noir jusqu'au gris, et sont plus ou moins micacés.

Les schistes argilo - bitumineux semblent moins dominer que les roches précédentes auxquelles elles passent souvent; elles recèlent aussi comme elles de la houille en veines et en nids, leur teinte principale est le noir.

On trouve encore, dans ce terrain houiller, des blocs de granites quelquefois très-volumineux, et qui sont identiques aux roches du pourtour , circonstance qui avait fait croire qu'on était déjà arrivé, en plusieurs endroits, au massif granitique, et qui avait fait désespérer d'y rencontrer de la houille exploitable.

Les minéraux disséminés se réduisent au quartz, au feldspath, au mica généralement argentin et au talc.

Les plantes fossiles que j'ai recueillies se rapportent au *pecopteris aspidioides*, Ad. Brong., au *cannophyllites virletii*, Ad. Brong., ainsi qu'à d'autres espèces indéterminées; mais on n'y a point encore trouvé de restes animaux.

J'ai indiqué sur la carte un assez grand nombre de directions et d'inclinaisons des différentes roches précitées. On remarquera d'abord qu'il n'y a rien de constant dans leurs allures, et qu'il devient par conséquent impossible de reconnaître un terrain houiller dans sa situation normale. Ainsi dans le puits (*a*), creusé jusqu'à 4 mètres, au N. O. de Turmoc'h, les couches inclinent à l'O. 11° N. O.; dans le puits (*b*), placé à l'O. de Turmoc'h, elles inclinent au S. S. O.; dans le puits (*c*), au S. de Turmoc'h, elles inclinent à l'O. S. O. sous un angle variant de 25° à 30°; dans le puits (*d*), au S. E. de Turmoc'h, elles inclinent au S.; dans le puits (*e*), au S. du même hameau, elles inclinent à l'O. N. O.; dans le puits (*f*), au N. E. de Kergodona, elles inclinent à l'O. S O.; dans le puits (*g*) de Saint-Eugène, les couches inclinent à l'O. S. O. jusqu'à 27 mètres environ, elles inclinent au contraire à l'O. N. O. depuis 27 mètres de profondeur jusqu'à 56 mètres avec un angle de 22°; dans le puits (*h*) de Saint-Charles, creusé jusqu'à 52 mètres

environ, elles inclinent au S. O. sous un angle
de 5o° ; dans le puits (*i*), situé au S. S. E. de
Kergogne, elles inclinent au N. O. 10° O. jusqu'à 23 mètres ; dans le puits (*l*), au N. O. de
Kergogne, elles inclinent à l'O. S. O. avec un
angle de 25° à 3o° ; dans le puits (*m*), au même
lieu, elles inclinent à l'O. S. O. sous un angle
de 5o° jusqu'à 20 mètres ; dans une galerie horizontale, percée à l'O. de Kergogne, et à une
profondeur de 15 mètres, elles inclinent à
l'O. N. O. sous un angle de 10°. On remarquera
encore les mêmes anomalies dans les autres
allures ; je me dispenserai donc de les rapporter.

Afin de déterminer les relations qui pouvaient
exister entre les deux terrains houillers, séparés
l'un de l'autre par une distance de 2150 mètres
au moins, j'ai construit la coupe n° 10, dont la
ligne de profil a été obtenue avec des observations barométriques et la carte On voit qu'il ne
serait pas impossible que ces formations carbonifères eussent été réunies autrefois : la présence
des arkoses, vers la partie O. N. O. du terrain
houiller de Quimper, viendrait confirmer une
telle opinion. Il serait aussi présumable, dans
ce cas, que les formations carbonifères eussent
été séparées lors de l'apparition des diorites et
des amphibolites ; au surplus, elles semblent
résulter de dépôts contemporains.

En résumé, les terrains houillers des environs
de Quimper ont été déposés sur place, et sont

formés des roches préexistant dans la localité.
Sur beaucoup de points on trouve plutôt des
failles que des couches bien normales, notam-
ment à l'égard du terrain houiller de Kergogne.
Il devient donc souvent très-difficile et même impossible, d'apprécier exactement les allures de
ces dépôts et, de prévoir les accidents qu'on
peut y rencontrer. Néanmoins, si l'on veut se
renfermer dans les allures générales, il est assez
facile de reconnaître des systèmes généraux pour
le terrain houiller de Quimper, et, par conséquent, de disposer des plans de travaux. Diverses roches sont dans un état peu cohérent et
d'un aspect brisé. Ainsi il serait probable que
certaines parties de ces terrains se sont formées
presque à sec, et que le sol aride de la localité
ne favorisait point une végétation active et vi-
goureuse.

Après le dépôt du terrain houiller, des diorites et des amphibolites, O, se sont fait jour, et
ont donné à cette formation carbonifère une
allure nouvelle, compliquée peut-être encore
par des mouvements postérieurs. Les amphibolites et les diorites se confondent ensemble dans
leur gisement; il est même très-difficile de les
distinguer minéralogiquement : dès lors je les ai
réunis dans un seul groupe. Tantôt on voit un
diorite à gros grain, granitoïde, bigarré et mi-
cacé, comme au N. de Kerbicta, ou un diorite
porphyroïde, comme à Meil-Stanq-Bian ; tantôt,

au contraire, on observe une amphibolite compacte, schistoïde ou passant au diorite, comme
à Kermovan. Leur couleur varie du vert au
bleu ou au brun, et la sperkise y est assez
commune. Quelquefois ces roches d'éruption
sont représentées par une argile rougeâtre, ferrifère, dans laquelle on aperçoit de temps en
temps des boules de diorites dans un état presque cohérent. Au reste, le diorite affecte souvent
la structure du granite, et produit comme lui,
en se désaggrégeant, les particularités dont j'ai
parlé ci-dessus. La transformation du diorite
en argile s'opère évidemment par l'action de
l'eau, et le volume de diorite changé ainsi en
argile, est en raison directe de la quantité d'al-
bite et d'oxide de fer qui entrent dans la composition de cette roche. Je ne prétends point,
par cette simple explication, exclure du phénomène l'influence électro-chimique ; mais je dois
accorder la plus grande part à la cause palpable
et directe, sauf à remonter ensuite à l'agent
physique.

Le contour du principal massif passe au N. de
Kerbicta, à Meil-Stanq-Bian., au N. de Tynévez,
à l'O. de Querlec, au S. de Leurriou, de Penhoat,
de Tygardien, de Kerroué, de Kernazet et de
Kervouyec ; la plus grande dimension de cette
formation est de l'E. à l'O. Le second massif va
aussi de l'E. à l'O., de Kerscao à la métairie et
au manoir de Kergadou. Les trois autres se ré-

duisent à des boutons qui ont apparu , le premier au S. O. de Savardiry , le deuxième au N. du Brieux et le troisième au N. de la Lorette.

Le terrain houiller de Quimper étant au S. de tous les massifs de diorites et d'amphibolites , les forces soulevantes ont dû agir de manière à faire incliner généralement vers le S. les couches carbonifères de ce bassin : c'est ce que confirme l'observation ; tandis que la formation carbonifère de Kergogne, se trouvant au milieu des causes perturbatrices, a dû être disloquée et brouillée dans tous les sens : c'est encore ce que prouve l'observation. De plus on voit que vis-à-vis de chaque massif dioritique les couches houillères inclinent à l'opposite. La coupe théorique, n° 11 , représente, sauf les accidents locaux , les principaux résultats dont je viens de parler. Outre les faits précédents, qui démontrent que les diorites et les amphibolites n'ont apparu qu'après le dépôt houiller , l'absence complète de ces roches en fragments isolés dans ces formations carbonifères vient lever les doutes les plus scrupuleux. Il est difficile de reconnaître où était le centre d'action des diorites et des amphibolites : néanmoins, à l'égard de la grande nappe qui s'est épanchée , je crois que la messe principale est sortie autour de Kermovan. J'ajouterai , enfin, que les divers boutons qui paraissent dans la contrée n'ont probablement pas tous percé au

même moment, quoiqu'ils se soient fait jour à
des époques peu reculées les unes des autres.

Nous aurons fini la série des terrains qui se
trouvent aux environs de Quimper, lorsque
nous aurons donné une idée des terrains de
diluvium et d'alluvions qu'on y rencontre.
Comme il est aussi très-difficile d'assigner la
ligne de démarcation de ces formations, je les
comprendrai toutes deux dans une seule description.

Les terrains de diluvium et d'alluvions sont
très-développés et forment des dépôts variables
en épaisseur; mais on peut estimer que dans
certains endroits ils acquièrent une puissance
de 10 mètres. Ainsi, en allant à Kernotor, on
voit un lit de cailloux roulés qui cachent le granite, et qui sont quelquefois accompagnés d'argile et de sable. A mesure que l'on se dirige
au S. S. O. on trouve un sol aride, couvert de
landes ou de pins. D'abord une alluvion peu
puissante, ensuite des sables, et même quelques
grès jaunâtres et assez cohérents constituent
ce terrain; les grès ne montrent pas de
stratifications distinctes; ils contiennent de la
limonite plus ou moins grenue, et généralement
semblable à celle du véritable terrain de diluvium. Parfois les grès sont associés à de gros
cailloux, ainsi qu'à d'énormes blocs composés
le plus souvent de poudingues. Ces blocs paraissent aussi épars dans la vallée; mais là les

grès disparaissent, et l'on ne voit qu'une argile ,
ou plutôt une glaise plus ou moins plastique ou
sableuse, et analogue à celle des marais du S. O.
de la France. Chaque jour ce dépôt d'argile
augmente de volume à la faveur des eaux de la
rivière et de la marée; et il est de toute évidence
qu'il appartient presque en totalité au terrain
d'alluvions. C'est ce que comprendront aisément
les personnes qui ont étudié les atterrissements
qui se font aux embouchures des rivières, qui
d'abord ont une pente très-rapide, et qui vers
leurs embouchures ont une pente insensible.
Cependant on avait classé les argiles dont il est
question dans le terrain tertiaire (groupe
palæothériique), (1) parce que, a-t-on dit, on y a
trouvé des lignites. Cette citation n'est pas exacte,
car jamais fragment de lignite n'a été rencontré
dans la localité. Au reste, la présence de ces
débris végétaux ne serait pas une raison suffi-
sante pour conclure que des argiles, des sables
mêlés de galets, de varecs, d'ulves, etc., de différentes substances apportées par les ruisseaux,
la rivière et la marée et des fragments de l'industrie de l'homme, sont de l'époque tertiaire.
En outre, on observera, comme on peut le voir
par la coupe théorique no 12, sur l'autre bord de
la rivière, le prolongement de ces argiles, et dans
les parties hautes les restes d'un diluvium très-

---

(1) *Voyez* mon *Traité de géologie.*

puissant, formé d'amphibolites, de diorites, de
quartz, de porphyre, de phtanite, etc., et c'est
un fait assez remarquable, de trouver dans ce
seul endroit un diluvium qui contient principalement des galets de diorites et d'amphibolites. Cette circonstance avec d'autres démontrent donc que le courant est venu de la région N. Les assises inférieures des grès cimentés
pourraient bien dater de la fin de l'époque des
terrains palæothériiques, c'est-à-dire du dépôt
pliocéné; mais tout porte à croire qu'elles sont
du même âge que le reste du diluvium et qu'elles
proviennent du même phénomène.

Le diluvium est encore bien caractérisé sur
beaucoup d'autres points des rives de l'Odet;
dans la ville de Quimper et la vallée de Cuzon, il
atteint une puissance considérable. Il est composé en général de sables, de cailloux roulés
de diverses natures, d'argiles et de blocs de
jaspes, de poudingues, de granite et de quartz :
j'ai même trouvé sur la hauteur à Créac'heuzen-
bian des blocs de poudingues quartzeux, dont le
gisement est situé dans les montagnes Noires.
Dans d'autres localités élevées, auprès de Lenhec,
par exemple, le diluvium représenté par un lit
de petits cailloux est aussi digne de fixer l'attention du géologue.

Le bassin du Steïr présente encore des alluvions et un diluvium remarquables. Ainsi, der-
rière Saint-Yves on voit des sables, des graviers,

des cailloux et même de très-gros blocs formant un dépôt de plusieurs mètres; mais dans cette localité le quartz domine.

Enfin, dans beaucoup d'autres lieux on peut apprécier ces dépôts, et souvent il est possible, en examinant la position des galets par rapport à leur plus grand axe, de reconnaître dans quel sens s'est opéré le courant qui les a amenés.

Ne pouvant pas indiquer ces dépôts de transports sur la carte dans toutes les localités où ils se présentent, je ne les ai indiqués que dans celles où ils acquièrent une grande puissance, et encore je l'ai fait avec un signe particulier pour laisser voir les terrains qu'ils cachent.

Dans la France occidentale, les terrains d'apparence de diluvium ne sont peut-être pas tous du même âge; mais, comme il ne m'a pas encore été possible de les classer chronologiquement, je les ai rapportés à l'époque de la grande catastrophe qui a donné lieu aux formations appelées diluviennes et qui sont caractérisées par les blocs erratiques.

En résumé, on voit : 1° que le granite est arrivé après le dépôt du gneiss et du mica-schiste, dont il a changé la position et les propriétés; 2° que des dépôts de talc-schistes se sont effectués dans les bassins résultant du relief des roches préexistantes, et que pendant cette opération certaines substances minérales ont dû, vers les limites, se mêler aux parties des talc-schistes; ce qui a produit en général les passages offerts par ces roches ; 3° que le pétro-silex est venu à son tour donner une nouvelle allure aux terrains et modifier en même temps les roches déjà formées ; 4° qu'ensuite le dépôt du terrain houiller, probablement peu riche en houille, mais renfermant en général une immense quantité des schistes argilo-bitumineux, s'est opéré ; 5° qu'après cela des amphibolites et des diorites ont apparu pour bouleverser et modifier les diverses roches préexistantes, et pour compliquer encore les allures des plus anciennes ; 6° que des érosions ont produit et produisent des dénudations ou bien des dépôts, en creusant certains endroits et en comblant d'autres parties du sol ; 7° qu'enfin, dans les différentes localités de la France occidentale, des phénomènes analogues ont eu lieu, si ce n'est que souvent les faits ont été plus compliqués en raison d'autres dépôts sédimentaires et de l'apparition d'autres granites, ou de celle de porphyres, d'éclogites, d'ophiolites, de Kersanton, etc.

Maintenant résumons aussi les questions industrielles qui se sont trouvées naturellement liées aux questions de géologie pure, car une science n'est réellement utile que lorsqu'elle est directement ou indirectement applicable. D'après ce que j'ai dit plus haut, il paraît que dans le terrain houiller de Kergogne, vu ses petites dimensions et ses anomalies, il y a fort peu de chances de succès de trouver la houille exploitable, et que par conséquent il n'y a pas lieu de m'en occuper; mais que dans celui de Quimper, vu son étendue, sa situation et ses allures, le succès serait assuré, si toutefois la houille y existait en quantité exploitable. Or, dans cette hypothèse, le point qui offre les caractères les plus favorables pour une réussite est sans contredit le puits du Pratandour; là nous voyons, en effet, que le terrain houiller présente une très-grande puissance, une constance et une régularité satisfaisantes à l'égard de l'allure des couches et de l'alternance des poudingues, des psammites, des schistes argilo-bitumineux et de la houille, et que de plus les végétaux fossiles s'y montrent en très-grand nombre. Ainsi la compagnie civile devrait, en admettant qu'elle voulût poursuivre ses recherches, comme elle en a l'intention d'après les espérances données avec assurance par les directeurs des travaux, ordonner d'abord un sondage dans le puits du Pratandour et un autre ensuite dans celui de Pontigou. Cependant il voudrait encore mieux continuer le creusement des puits du Pratandour et de Pontigou. La situation heureuse de ce terrain, les espérances que peut offrir le point du Pratandour et les dépenses faites jusqu'à présent, imposeraient, il me semble, à la société d'entreprendre les travaux que je viens de prescrire, et d'en tracer le plan avec netteté et précision, d'en arrêter les dépenses, et enfin de les diriger avec sagesse et sagacité. Si ces travaux n'amenaient à aucun résultat favorable, il est certain pour moi qu'il serait sage d'abandonner désormais toute recherche dans le terrain houiller de Quimper en ce qui concerne la houille. Mais en considérant la question sous le rapport industriel, je pense qu'il serait possible et même bien préférable de tirer immédiatement un autre parti du terrain houiller de Quimper, et par conséquent de changer l'éventualité de la découverte de la houille en une certitude palpable de bénéfices à faire avec les richesses minérales actuellement existantes.

En effet, pour ramener la question des chances à une question de chiffres, ou bien pour formuler les éléments de la question comme des nombres fournis par un problème mathématique, j'estime, d'après certaines données et une foule de détails qui ne sauraient trouver place ici, qu'il y a deux au moins à parier contre un que la houille n'existe point en quantité exploitable dans le terrain houiller de Quimper.

Mais, si ce terrain est réellement pauvre en houille, il est au contraire très-riche en schiste argilo-bitumineux et en argile bitumineuse, comme je l'ai démontré plus haut. Or, en examinant la question du produit de la formation houillère de Quimper, par rapport au schiste argilo-bitumineux, ainsi qu'à l'argile bitumineuse, nous verrons que, si la question change de face, l'exploitation de ces matières serait très-avantageuse.

Ce schiste argilo-bitumineux ressemble parfois tellement à la houille, que presque tout le monde, même des hommes instruits l'ont pris, pour de la houille, et je puis affirmer que souvent il faut être très-habitué à la vue des échantillons de roches carbonifères, ou bien faire des essais pour décider la question. Au reste peu importe, car je dois apprécier des circonstances d'une autre gravité. L'analyse de ce schiste argilo-bitumineux m'a donné trois produits : le premier est le carbure d'hydrogène dont on se sert pour l'éclairage au gaz ; le second est une espèce de goudron propre à beaucoup d'usages ; et le troisième est un mélange d'alumine, de silice, de carbone et de fer. Enfin on peut admettre que, par une opération faite en grand, on obtiendrait, en poids, au moins 5 pour cent de gaz, et 8 ou 10 pour cent de goudron. Or, un tel résultat serait fort avantageux, puisque, 1° la matière première se trouve abondamment, et son extraction est facile et peu dispendieuse ; 2° tous les produits auraient leur emploi assuré ; 3° il suffirait d'une simple distillation pour les retirer.

Tous les faits que je viens d'énoncer étant évidents, et les frais d'extraction, de manipulation, de chauffage et de transport étant fort peu élevés, il s'ensuit qu'on pourrait changer la ques-

tion de la recherche de la houille en une opération
certaine et productive. De plus, les matières bitumineuses une fois obtenues, en raison de la
situation du bassin houiller de Quimper, des be-
soins de la marine et d'une infinité d'arts, trou-
veraient des débouchés aussi positifs que con-
stants. Dès lors voici en peu de mots comment
devrait procéder la société civile des mines de
houille de Quimper. Il faudrait abandonner l'i-
dée de la découverte de la houille, et com-
mencer immédiatement, au moyen des divers
puits pratiqués, mais principalement à Cuzon
et à Pontigou, l'exploitation du schiste argilo-bitumineux ; établir au Pratandour une usine de
distillerie, dont le combustible serait le bois ; se
servir d'une partie du gaz pour l'éclairage de
la ville de Quimper, et avec le surplus alimenter
le feu des fourneaux, qui serait en outre activé
par un bon ventilateur ; extraire d'une portion
du goudron l'huile nommée dans les arts huile de
schiste, et vendre l'autre portion en nature; peut-
être aussi conviendrait-il de traiter la substance
liquide comme du véritable bitume, ou de l'as-
phalte; d'ailleurs, quelle que fût sa qualité, elle serait certainement utilisée avec bénéfice pour tel ou
tel besoin ; enfin il faudrait employer le produit
solide de la manière la plus favorable, comme
noir minéral, ou comme amendement, ou comme
plombagine, ou comme sulfate d'alumine, ou bien
comme toute autre substance, dont je ne puis

point prévoir la fabrication, car je ne saurais ici donner que des indications. C'est, en effet, à la société et aux hommes spéciaux qu'il importe de chercher et de travailler par des essais les détails de la question. Il m'est impossible de préciser les résultats financiers de la mise à exécution du projet que je trace ; mais il n'est pas douteux, pour moi et pour toutes les personnes qui connaissent la nature de l'entreprise, qu'ils ne soient avantageux, surtout lorsque toutes les circonstances de position sont favorables, et que rien de la matière première ne serait perdu en subissant des transformations ; enfin, on ne doit pas négliger aussi, il me semble, un autre bénéfice : je veux parler de celui qu'on ferait en ne dépensant aucune somme pour la recherche de la houille, car elle aurait lieu naturellement au moyen de l'extraction du schiste argilo-bitumineux. Ainsi, puisque en vérité tout espoir de trouver le combustible n'est pas perdu, il pourrait bien arriver que l'exploitation du schiste argilo-bitumineux mît à jour la houille exploitable.

Quant à la concurrence locale, elle n'est pas à redouter. En effet, d'après ce que j'ai dit précédemment des allures irrégulières, des dimensions minimes, et de la pauvreté en schiste argilo-bitumineux pur du terrain houiller de Kergogne, il serait probablement onéreux pour la société de compter sur cette nouvelle exploitation. Ensuite il n'est point démontré que des schistes bituminifères existent ailleurs dans la localité. Au reste, en supposant même une concurrence possible , je pense que l'exploitation du schiste argilo-bituminifère de Quimper n'en serait pas moins la source d'une bonne industrie.

Je suis donc dans l'intime conviction, et je ne le dis qu'après avoir longuement étudié toutes les questions qui se rattachent aux terrains houillers de la France occidentale, que l'exploitation du schiste argilo-bitumineux dans le terrain houiller de Quimper est une entreprise sage, et que non-seulement elle peut indemniser des pertes faites jusqu'à ce jour, mais qu'elle peut encore devenir une industrie florissante pour le pays. Voilà mes idées et mon opinion ; aux administrateurs appartient le reste. Cependant je crois devoir encore leur dire d'éviter de suivre la marche de ces sociétés, qui ont été le fléau du commerce de nos jours, s'ils ne veulent pas perdre et salir même une affaire toute honorable et d'un heureux avenir.

Quoique mon travail ne soit relatif qu'à des localités très-restreintes, il n'en sera pas moins, je l'espère, apprécié par le naturaliste philosophe ; car il est impossible, non-seulement de faire d'un seul trait la géologie du globe entier, maisaussi de réunir par l'avenir sur tous les points de sa surface, d'assez bonnes descriptions pour établir ensuite une géographie générale et complète. Afin d'arriver à ce résultat, il faut aviser à un autre moyen, et le plus rationnel, il me semble, est celui d'obtenir de distance en distance des descriptions très-exactes; elles serviront ainsi de sûrs repaires pour une œuvre d'ensemble. Il vaut mieux, en effet, pour guider le géologue, un certain nombre de jalons bien placés, qu'une multitude d'écrits succincts, vagues et faits sur de grandes étendues de pays. C'est sous ce point de vue que je présente le résumé de mes observations sur les environs de Quimper.

J'espère aussi que ce travail rendra un grand service aux sociétés industrielles, qui, jusqu'à présent, ont dépensé des sommes immenses sans aucun résultat satisfaisant; du moins elles apprendront à connaître leur position en lisant une œuvre consciencieuse et complète. De plus, elles verront le parti qui leur reste à suivre, si toutefois elles ne veulent point se jeter dans l'abîme où celles qui les ont précédées se sont précipitées. Je désire pour elles et pour l'industrie de bonne foi, qu'elles écoutent mes avis.

FIN.

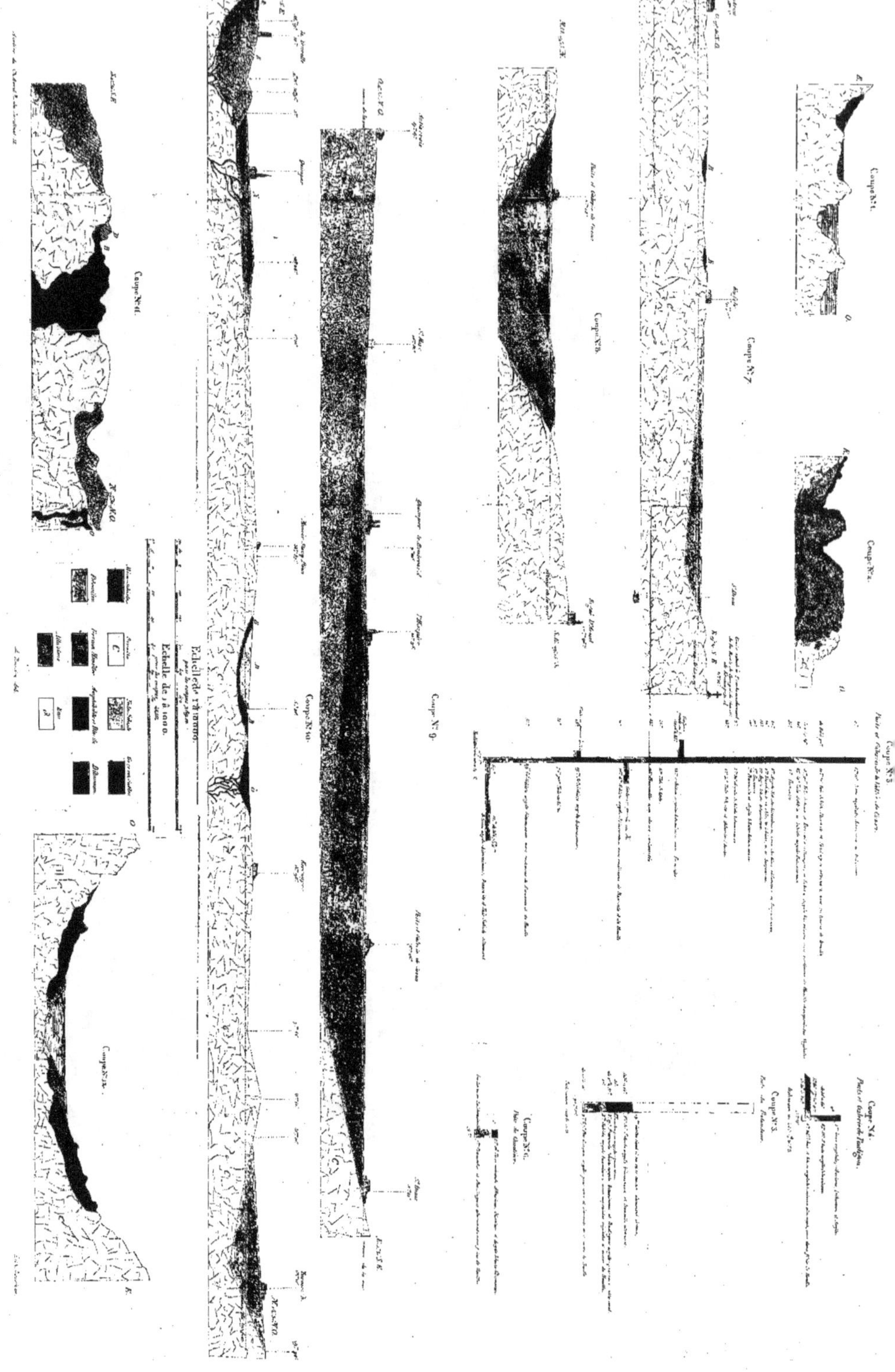